あらすじ

こんにちは！
わたし、西園寺ルミです！！

大学を卒業して、右も左もわからなかったわたしも多くの現場を経験し、りっぱな中堅社員になりました。

わたしの所属する「KB建設」は規模も大きくない会社だけどなんと超大手の大竹建設など3社JVで、超大型物件の「ゆめが丘駅前再開発事業」の受注に成功しました。

さらにさらに、わたしがその現場に抜擢されたの。きゃ〜。
そんな現場でわたしに、声をかけてくれたのは、この現場を最後に定年となる超大手大竹建設の金沢所長。
今までの経験で得た技術と知識を、会社の枠を超えてわたしに伝えたいって言うけど……

違う会社が共同で工事を進めるはじめてのJV現場で、大型工事ならではの技術や工法、現場運営など初めてのことで、緊張するわ。普段の現場では経験できないようなことが、いろいろと起こりそう〜。

わたしの今までの活躍（？）がよくわかる、既刊の「土木工事入門－実行予算編－」「めざせ！現場監督」もあわせてみてね〜。

はじめに

　近年、わが国は人口減・少子高齢化が一段と進み、建設業界は担い手不足と技術の伝承が大きな課題となっています。前作の「まんが めざせ! 現場監督」は、これからの建設業界を担う若者や女性向けに、建設業の社会的使命や仕事のやりがいを伝えると共に、「朝一番の挨拶」など、現場での基本的な心構えを描いたものでした。

　本書「まんが がんばれ! JV現場監督」はその続編ですが、舞台を前作の中高層集合住宅から市街地再開発事業ビルに移すとともに、1社の単独工事から3社のJV（共同企業体）現場にいたしました。

　ご高承のとおり、JV工事は構成各社が資本の投下と人員の派遣を行い、スポンサー（共同企業体の代表会社）とサブ（代表者以外の会社）が力を合わせて、工事を遂行する仕組みです。したがって、JV工事では基礎となる高い技術力や組織力のみならず、構成員相互の信頼と協調が何よりも大切になってきます。そこで、現場派遣社員の前向きな姿勢と強い精神力、さらには本・支店の強力な支援体制が必要不可欠です。特にサブに回ることの多い中小建設会社にとって、大型JV工事に参加することは、自社単独工事では経験できない大型工事ならではの最新の工法や技術を会得する絶好のチャンスです。また、技術面以外にも大手を始め、構成各社の長所を見習う機会でもあるのです。

　しかしながら、JV工事には運営委員会や施工委員会の存在、監査委員の選任、単独用とJV用の2種ある実行予算書、協定書の締結など、1社だけの通常単独工事に無い、特有の制度が多々あるにもかかわらず、案外これら仕組みの詳しい知識が正しく認識され、活用されていないように思われます。そこで、スペースの許す範囲でこれらを紹介しています。

　また、本書は高層ビル建設に必要な、高度の技術的知識も「まんが」で分かり易く描き、「まんが」で表現し切れないことは、解説ページで補足説明しています。さらに、「タワークレーンの屋上での解体」や「逆打ち工法の仕組み」などについては、イラストを用いて、極力読者に分かり易い方法で紹介しています。

　上記のように、本書は現在JV工事に従事しておられる方々には直接的な有効利用をお勧めしますし、一般の建設会社社員の方々や、建設業界を目指す学生さん方には将来への知識としてご利用いただけたらと願っています。

著 者　柴田 昌二

CONTENTS

SCENE 1 プロローグ 1

SCENE 2 JV大型工事の受注!! 3
- 解説1 JV（=Joint-Venture）とは 11
- 解説2 JV工事の流れ（特定JV） 12
- 解説3 JV構成員の役割 13

SCENE 3 運営準備委員会 14
- 解説4 スポンサーのなすべきこと 24

SCENE 4 サブのJV参画の意義 25
- 解説5 サブのJV参画の意義 30
- 解説6 JV現場社員の人選 31

SCENE 5 運営委員会・施工委員会 32
- 解説7 各種委員会の役割 39
- 解説8 運営委員・施工委員の任命 40
- 解説9 監査の意義 41
- 解説10 議事録を残す 47
- 解説11 JV工事での技術職の役割 48

SCENE 6 スポンサーのJV運営 49
- 解説12 スポンサーメリットの有無 65

SCENE 7 協力業者の選定 66
- 解説13 協力業者の選定方法 71
- 解説14 協力業者への発注の実態 72
- 解説15 協力業者への発注に関するサブ側の留意点 ... 73

SCENE 8 いよいよ工事が始まった!! 74
- 解説16 JVにおける会計処理 81

SCENE 9 技術・工法の習得 ································ 82

　解説17 アースドリル拡底杭施工と構真柱の建て込み ··············· 95
　解説18 トップスラブのコンクリート打設 ·············· 96
　解説19-1 タワークレーンの設置とクライミング（1） ··············· 97
　解説19-2 タワークレーンの設置とクライミング（2） ··············· 98

SCENE 10 JV社員のチームワーク ····················· 99

SCENE 11 大手業者の長所の習得 ·················· 103

　解説20 JV工事における安全管理活動 ··············· 107
　解説21 本社・支店のなすべきこと ··············· 108
　解説22 JV現場社員のなすべきこと ··············· 114

SCENE 12 実行予算書のチェック ··················· 115

　解説23 実行予算書の意義 ··············· 117
　解説24 実行予算書の活用 ··············· 118
　解説25 JV工事での設備職の役割 ··············· 122
　解説26 JV工事での見積職の役割 ··············· 123
　解説27 自社資機材の優先的使用の留意点 ··············· 128
　解説28 協定原価とは ··············· 133
　解説29 協定給与に関する留意点 ··············· 134
　解説30 設計・積算料、事務経費等の留意点 ··············· 135

SCENE 13 営業職の後方支援 ····················· 136

　解説31 JV工事での営業職の役割 ··············· 139

SCENE 14 JV社員の成長 ························· 140

　解説32 タワークレーンの解体 ··············· 141

SCENE 15 エピローグ ······························ 150

登場人物紹介

ゆめが丘駅前再開発事業特定JV

ドリーム会

金沢 健吾	山中 太郎	渡辺 佑	青葉 裕介	西山 稔
かなざわ けんご	やまなか たろう	わたなべ ゆう	あおば ゆうすけ	にしやま みのる
所長	副所長	副所長	副所長	事務長

西園寺 ルミ	稲葉 和也	戸塚 恭一郎	都築 マキ	猫車 留吉
さいおんじ るみ	いなば かずや	とつか きょういちろう	つづき まき	ねこぐるま とめきち
建築担当	設備担当	建築担当	建築担当	山田組職長

 大竹建設

 佐藤 昌弘（さとう まさひろ）建築部長

 酒井 倫之（さかい のりゆき）副支店長

 前島建設

 塚本 義夫（つかもと よしお）建築部長

 鶴見 智（つるみ さとし）建築課長

 KB建設

 朽木 元造（くつき げんぞう）建築部長

 石川 章吉（いしかわ あきよし）チームリーダー（JV工事担当）

 山崎 諒（やまざき りょう）建築部次長

 北大路 開（きたおおじ かい）建築課長

 神田 正臣（かんだ まさおみ）営業部長

解説 1 ｜ JV（＝Joint-Venture）とは

1. 共同企業体制度（JV）

　JVとは「Joint-Venture」の略で、複数の建設会社が1つの工事を共同で受注・施工することを目的として形成される「事業組織体」をいう。JVは、多くの判例を見る限り、民法上の組合とみなされている。

2. JV工事の成り立ち

　アメリカ合衆国の南西部を流れるコロラド川にあるフーバー・ダムは、高さ221m・長さ379mの超巨大な重力式アーチダムであり、1920年代後半に起こった世界大恐慌の打開策の目玉として施工された。当時（1931年着工～1936年竣工）の建設技術の粋を集めた世界最大のコンクリート構造物であり、この工事のため米国内から広く建設業者が集められ、「Six companies incorporated」と称する新しい施工方式が採用された。これは施工の確実性、危険の分散、技術力の拡充強化、中小企業の振興を図るためのもので、現在のJV制度の始まりと言われている。

　日本では、1950年に沖縄の米軍関係の工事で、米国の建設会社と日本の建設会社のJVが組まれたのが最初だと言われている。

3. 共同企業体の方式

区　分	目　的	結成期間
特定建設工事共同企業体 （特定JV）	大規模かつ高難度工事の施工に際し、各企業の技術力等を結集し、工事の安定的施工を確保するため。	工事ごと
経常建設共同企業体 （経常JV）	中小・中堅建設企業の継続的な協業関係を確保し、経営力・施工力を強化するため。	一定期間
地域維持型建設共同企業体 （地域維持型JV）	地域の維持管理に不可欠な事業につき、継続的な協業関係を確保し、実施体制の安定確保を図るため。	一定期間

4. 共同企業体の種別

区　分	工事方式	内　容
甲　型	共同施工方式	JVの全構成員が出資比率（注）に応じて、資金・人員・機械等を拠出する。
乙　型	分担工事方式	事前に工区を分割し、各構成員は分担した工事に責任を持つ。

注. 建設業者間では、出資比率のことを「請負比率」と言うこともある。

5. 施工協力JV

　1社単独施工のように見えても、作業所内部ではJVの形態をとる「施工協力JV」と呼ばれるものもある。本来の形は、特殊な工法や技術、特許等を持つ会社から部分的に施工協力を得るものであるが、それ以外にも施主の意向や施工者同士の思惑等が背景にあるケースもある。

解説 **2** ｜ JV工事の流れ（特定JV）

JV（共同企業体）の結成

事前業務

見 積 業 務	スポンサーが実施
運営準備委員会	見積金額の開示、入札（施主への提出）金額の決定
受 注・契 約	実務はスポンサーが実施

解体・現場乗入

着工

準備・解体等	スポンサーによる実行予算書案の作成 解体・仮設の一部は、スポンサーが業者選定を含めて先行実施
運 営 委 員 会	運営委員・施工委員・監査委員の選任、協定書の締結、 スポンサーによる工事方針の発表と承認 （人員計画、原価計画、工程計画、安全計画等）

工事の施工

施 工 委 員 会 （ 専 門 部 会 ）	施工委員会又は必要に応じて専門部会を設置し以下を検討 ・購買部会：協力業者の選定及び発注金額の検討 ・技術部会：工法・工程の検討 ・安全部会：安全計画の立案と安全パトロールの実施 実行予算書案の検討（原案はスポンサーが作成）
運 営 委 員 会	実行予算書の承認
施 工 委 員 会	工事管理状況報告書による各構成員への報告

竣工

精算等

書 類 監 査	監査委員による工事精算書等の書類監査、工事精算書の修正と再作成
運 営 委 員 会	工事精算書の承認

JV（共同企業体）の解散

解説 3 JV構成員の役割

JVの方式には、解説1のとおり3つの方式があるが、本書では「特定建設工事共同企業体（特定JV）」を中心に解説する。

1. JVの構成

① JVは、通常、構成員2〜5社が共同で運営する。
② JVの代表者は、構成員のうち出資比率が最大の構成員とし、「スポンサー会社」とも呼ばれる。それ以外の構成員を「サブ会社」という。
③ 出資比率には最小限度基準があり、2社の場合は30%以上、3社の場合は20%以上。

※本書では以下、「スポンサー会社」を「スポンサー」、「サブ会社」を「サブ」と記述する。

《 本書の例 》

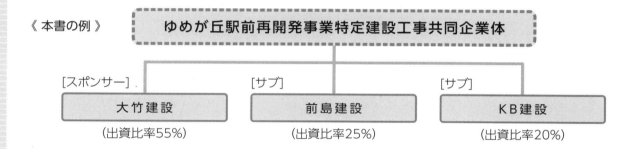

2. 構成員の権利と義務

JVは、社風・経営方針・技術力・経験等の異なる複数の構成員が結集し、一つの建設工事を受注し施工する。各構成員の技術・資金・人材等を活用して効果を最大限に発揮するためには、構成員の権利と義務を協定書に明確に定め、JVの円滑な運営が行われなければならない。

構 成 員 の 権 利 と 義 務
① 各構成員は、相互の権利と立場を尊重して十分な協議を行い、公正かつ妥当な意思決定を行う。 ② 各構成員は、出資比率とは無関係に対等な権利を有し、各々1票の権利で議決権を有する。 ③ 予算案の承認等、重要事項の決定は全員一致を原則とし、最低でも構成員の過半数をもって決定する。 ④ 各構成員は、工事請負契約の履行及び下請契約、その他JVが負担する債務の履行に関して連帯責任を負う。 ⑤ 決算の結果、利益又は欠損が生じた場合は、各構成員の出資比率に応じて配当又は負担する。 ⑥ JVからの脱退は、発注者及び各構成員の承認が必要となる。もし脱退者が出た場合は、残りの構成員が共同連帯して工事を完成する。

SCENE 3 運営準備委員会

大竹建設 東京支店大会議室
JV3社による運営準備委員会当日

スポンサーの大竹建設からは
副支店長 営業・建築・見積・設備・資材・事務の各部長
統括所長ら10数名が出席した

会社名	運営委員	運営委員代理	監査委員
大竹建設	佐藤 建築部長	木下 建築部次長	太田 事務部長
前島建設			
KB建設			

運営委員会名簿(案)

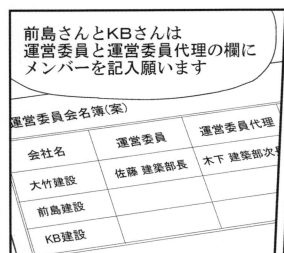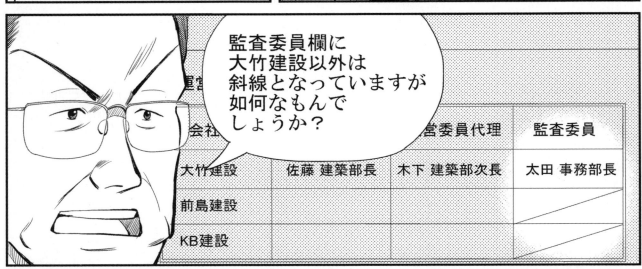

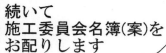

解説 4 スポンサーのなすべきこと

1. スポンサーの必要性

　JVの各構成員は法的には対等である。しかし、それが行き過ぎると些細な問題でもその都度、会議を開催して決定しなければならず、JV運営があまりに非効率となる。そこで、構成員の中から代表者を選定し、その構成員がJVを代表して対外折衝や業務執行を中心的に行えるよう権限を付与している。この代表者をスポンサーといい、出資比率が最も多い構成員が選任される。

2. スポンサーの役割

　スポンサーの役割は多岐にわたり、それらを中心的に行う権限が与えられている。しかし、それらは他のサブとの協議・承認が必要であり、一方的に進めてよいわけではない。また、スポンサーは法的に「善管注意義務」を負っており、それを怠った場合は「善管注意義務違反」に問われる。

スポンサーの主な役割

① 発注者・設計者・監督官庁等との折衝。
② 請負代金の請求・受領、及び財産の管理。
③ 現場社員の適正配置、及び職責の確保。
④ 工事計画の立案及び遂行。
⑤ 実行予算書案の作成。
⑥ JV委員会(運営委員会、施工委員会等)の運営。
⑦ 協力業者の選定・契約等。
⑧ 経理処理の効率性の観点から、自社経理システムの活用。

3. スポンサーのJVに臨む姿勢

　一般にスポンサーは、構成員の中で最も高い技術力・組織力・協力業者の動員力・危機対応能力等を有し、それゆえ発注者からの信頼や期待も絶大である。しかし、それに驕ることなく、むしろ謙虚に、以下の点に留意してJV運営に臨むべきである。

スポンサーの姿勢

① JVの円滑な運営を図るため、各構成員の相互信頼と協調に最大限の注意を払う。
② JV代表者として、品質管理、工程管理、原価管理、安全管理等に厳格な責任感を持って臨む。
③ サブ社員のモチベーションを如何に上げるかに注力する。それが結果的に、工事全体の利益につながる。
④ サブ社員をむしろ自社員以上に信頼し、人格を尊重するぐらいの鷹揚さが肝要である。
⑤ 建設業界のリーダーとして、技術面等でサブを育てるという広い気持ちも必要。
※本書でも、大竹建設の金沢所長は、社を越えてKB建設の若手女性社員の西園寺に技術指導を行った。

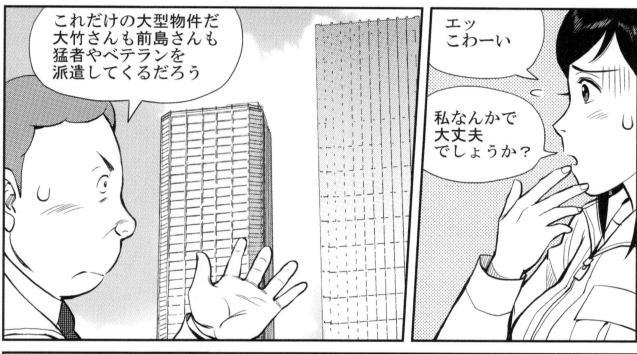

解説 **5** │ サブのJV参画の意義

　JV工事は、一般に大規模かつ難易度の高い工事が多い。また、民間工事であっても公共性が高く、世間の注目が集まる工事が多い。構成員の組合せパターンは様々だが、高い技術力・組織力等を有する全国・大手業者がスポンサーとなり、地元・中小業者がサブとなることが多い。スポンサーはJVの中心となって工事を統率する一方で、後述するスポンサー・メリットを得る余地も出てくる。しかし、そうであっても地元・中小業者がサブとしてJVに参画する意義は大きい。

1. 現場派遣社員の成長

項　目	内　容
技術力の向上	現場派遣社員は、大規模・特殊工事ならではの技術・工法・施工・大型重機等を経験することができ、技術力が向上する。
士気の高揚	大規模で難易度の高い工事を経験し、大手業者と仕事を共にしたことにより自信がつき、仕事に対するモチベーションが向上する。
大手の長所を見習う	技術面だけでなく、工事運営面・コスト意識・経理システム等、大手業者の長所を学ぶ絶好の機会である。
人脈の拡大	普段はあまり交流のない大手業者・協力業者・発注者・設計者等と交流ができ、人脈が広がる。それらは将来の仕事に必ず活きてくる。

2. サブ会社（＝母店）の利益

項　目	内　容
受注機会の拡大	大規模かつ難易度の高い工事は、自社単独では受注・施工が難しくても、JVサブとしてならばそれも可能となる。
地位の向上と士気の高揚	大規模かつ難易度の高い工事に名を連ねることにより、企業に対する社会的評価や信頼性が高まり、社員全体の士気も高揚する。ひいては、今後の受注拡大の可能性も高まる。
利益の増大	出資比率が小さくても、大規模工事だけに受注金額はそれなりに大きくなる。 ※本書のKB建設の例⇒184億4千万円×出資比率20%≒約37億円
技術力の向上	技術力がアップした現場派遣社員が、その成果データを整理・蓄積するだけでなく、その経験を社内で発表し共有することにより、会社全体の技術力が向上する。
協力業者の拡大	大手傘下の協力業者には優秀な業者が多く、それらと交流を図ることにより、先々、自社との協力関係の構築も望める。

解説 6 | JV現場社員の人選

1. 工事現場社員の編成

　スポンサーは、JV工事の受注後直ちに、工事現場体制の編成に入らねばならない。工事の規模・工事種類・工期等を総合的に勘案して必要な現場社員数を算出し、さらに出資比率に応じて各構成員にその人数を割り振るのが基本である。

※本書では、総人数を15名体制とし、スポンサーである大竹建設（出資比率55%）は8名、前島建設（同25%）4名、KB建設（同20%）3名とした。その他、事務員2名は大竹建設が手配した。

【参考】工事現場に派遣する社員数の決め方

　JV工事に限らず、現場派遣社員数の決め方は幾通りもあるが、ほとんどのゼネコンが拠り所にしているのは1人当たりの月間消化高である。

　本書の工事例は都心近くの超大型物件であり、1人当たり月間4,000万円消化できるとして、請負金額184.4億円÷（4,000万円／人・月×工期30か月）≒15.3人となる。なお、一般的規模の工事や価格水準の低い地方の工事では、1人当たり2,000～3,000万円で計算するのが適当だし、小規模工事では2,000万円以下が妥当なケースもある。

---

2. スポンサーの現場社員の人選

　スポンサーから派遣された現場社員は、他の構成員から派遣された社員に率先して工事全体を推進する責任を負う。また、JV工事は世間から注目される大型かつ公共性の高い工事が多いだけに、会社の看板を背負っているとも言える。それだけに会社としては、技術力・責任感・統率力に優れ、JV工事の経験も豊富な社員を人選しなければならない。さらに、JVは他の構成員との寄り合い所帯であるだけに、細やかな配慮ができる豊かな人間性や協調性、柔軟性も現場社員に求められる重要な資質である。

3. サブの現場社員の人選

　一般にサブは、スポンサーに比べ会社規模が小さく、技術力やJV経験も及ばないことが多い。ただし、だからと言って卑屈になったり、工事運営をスポンサー任せにしたりしてはならない。サブ社員にとっては、JV大型工事ならではの工法や技術等を習得するチャンスであり、大手会社の優れた工事運営や管理システムを勉強し、母店に伝える役割もある。むしろ、これこそがサブがJVに参画する最大の意義であるとも言える。

　それゆえサブは、勉強熱心で向上心に富み、スポンサーに対しても臆することなく、自社の意見を主張できる強い精神力を持った社員を人選すべきである。ただし、JVは他社との信頼と協調が何より大切である。他社からも技術力に優れたベテラン社員が多く派遣されてくるはずであり、それらの人々に気配りができ、無意味な争いをせず、チームワークを大切にできる社員を人選すべきである。

SCENE 5 運営委員会・施工委員会

資料1　運営委員会名簿

役職	氏名	所属会社
委員長	佐藤昌弘	大竹建設建築部長
委員代理	木下　茂	大竹建設建築部次長
委員	塚本義夫	前島建設建築部長
委員代理	島田　武	前島建設建築部次長
委員	朽木元造	KB建設建築部長
委員代理	山崎　諒	KB建設建築部次長
監査委員	岡本　泰	大竹建設事務部長
監査委員	木村正広	前島建設事務部長

資料2　施工委員会名簿

役職	氏名	所属会社
委員長	金沢健吾	大竹建設統括所長
委員代理	山中太郎	大竹建設所長
委員	鶴見　智	前島建設建築課長
委員代理	渡辺　佑	前島建設所長
委員	北大路開	KB建設建築課長
委員代理	青葉裕介	KB建設所長

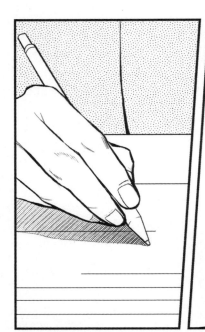

解説 7 | 各種委員会の役割

　JVは各構成員の寄り合い所帯であり、原則、全案件が話し合いによって決定される。その話し合いの場を委員会と言い、内容に応じて名称・役割・出席者等が異なる。

名　称	目　的・役　割	委　員
運営準備委員会	① JV結成から運営委員会設置までの間、必要に応じ設置。 ② 工事金額の見積り、協定書・規則案・工事事務所編成案の作成等について協議・決定する。	① 運営委員会の委員。 ② その他に会社トップや営業職等。
運営委員会	① JV運営の重要事項を協議決定する最高意思決定機関。 ② 開催は受注決定直後、実行予算決定時、決算承認時のほか、必要が生じた時に委員長が招集する。 ③ 付議事項は組織・編成、施工の基本事項、実行予算書・決算書案の承認、設計変更・追加工事の承認、取引業者の決定等。 ④ 委員会の議決は原則、全委員一致による。 ⑤ 議事について議事録を作成し、出席委員が捺印。議事録は委員長が保管し、その写しを各構成員に配布。	① 委員・委員代理は各構成員から1名ずつ。 ② 委員長は通常、スポンサーの委員が就任。 ③ 監査委員は構成員を代表しうる者を2〜3名選出。
施工委員会	① 現場施工に関する全ての基本的事項を協議・決定する機関。 ② 運営委員会の下に設置され、実務的にはJVの中心的存在。 ③ 付議事項は、施工計画・実施工程管理、安全衛生管理、実行予算書案の作成・予算管理、決算案の作成、協定原価参入基準案の作成、人員配置、取引業者の選定等。 ④ 原則、毎月数回定期的に開催するほか、委員長が必要と認めた時及び他の委員が請求した時に開催。 ⑤ 委員会の議決は原則、全委員一致による。 ⑥ 議事について議事録を作成し、出席委員が捺印。議事録は委員長が保管し、その写しを各構成員に配布。 ⑦ 工事の進捗状況、実行予算の執行状況等を毎月報告する。 ⑧ 委員会決定事項は速やかに運営委員会に報告する。	① 委員・委員代理は各構成員から1名ずつ。 ② 委員長は原則、工事事務所長が就任。 ③ 必要に応じて委員以外の専門スタッフを出席させることも可能。
専門委員会 （専門部会）	① 必要に応じて、施工委員会の下に専門的事項を協議決定する組織として購買、技術、安全等の委員会を設置。 ② 経理、見積、設備等の委員会を設置することもある。	① 各社の現場社員を充てるが、必要に応じてそれ以外の社員も可能。

解説 8 │ 運営委員・施工委員の任命

1. 運営委員の任命

（1）運営委員は母店の部門トップ

　運営委員会はJVの最高意思決定機関であり、委員会での議決事項は全てに優先される。したがって、運営委員はその趣旨に沿った人選が望ましく、各母店の建築部長など建築部門のトップが任命される。なお、運営委員長には通常、スポンサーの運営委員が選ばれる。

（2）運営委員代理こそキーマン

　肝心なのは委員代理の人選である。一定以上の職責にあるのは当然だが、JV工事の経験と知識が豊富で積極的発言ができ、かつ自社の運営委員より下位の立場の社員を任命すべきである。

運営委員代理が要だが、運営委員より下位社員とする理由
① 委員会で問題提起し実質的な議論をするのは、No.2である委員代理である。
② 意見は多少言い過ぎるぐらいが必要で、議論が紛糾し、解決への道を探り難くなった時こそ、運営委員である上席者が仲介できる。
③ 委員が上席者ならば、委員代理が多少過激な発言や相手に失礼な言動をした場合でも、いざという時は職責上、その委員代理を更迭することができる。

2. 施工委員の任命

（1）施工委員及び委員代理は現場実務のキーマン

　施工委員会は運営委員会の下部組織であるが、現場における実務的な討議と決定を行うため、施工委員は極めて重要である。その役割上、委員もしくは委員代理のうち少なくとも一方は、現場の状況を熟知している必要がある。通常、施工委員長には当該工事の作業所長が任命されるが、だからと言ってサブもJV派遣社員の中で最上席者を任命する必要はない。施工委員は建築課長などの母店の責任者、施工委員代理は現場派遣者の中での最上席者がベストであろう。

　なお、派遣者が経験の浅い社員ばかりの場合は、委員・代理共、母店から選出する場合もある。

（2）施工委員及び委員代理の役割

　JVは独立した一個の事業所であり、所長をトップに全社員がその指揮命令下で働く上意下達の世界である。そのため、施工委員会の場で、現場派遣の委員が母店を代表して、現場方針の変更や他社を非難するような発言をすることは実際には難しい。なぜなら、日頃から所長や上位者の命令下で業務をこなす習慣が身に付いてしまっているからである。

　厳しい発言ができるのは、むしろ母店から何か月かに一度、会議にだけ参加する委員の役目であろう。多少の軋轢もその場限りで済み、人間関係の悪化も避けることができるからである。

解説 9 | 監査の意義

　JVでは、通常、スポンサーが工事全般を指揮遂行し、経理システムもスポンサーの形態で取り仕切る。発注書類や支払伝票も常にスポンサー側にあり、サブは結果を伝票で通知されるだけである。

　このため、意図的又はミス等により、不適切なJV運営や経理処理等が行われた場合、それらを指摘し得るのは監査委員のみである。このような重要な職責であるにもかかわらず、監査委員は技術職の運営委員や施工委員に比べると軽んじられる傾向がある。スポンサー、サブに限らず、監査の意義を再認識し、委員の選任、監査の実施等については真摯に対応すべきである。

1. 監査の意義と委員の選任等

項　目	内　容
監 査 の 意 義	① JV工事の運営が適正に行われているか否か、中立的立場から公正に調査。 ② 不適切な運営等を指摘し得るのは監査委員のみである。
委 員 の 選 任 等	① JV構成員を代表しうる者を選任。本来はサブから2～3名選任。 ② 近年は筆頭サブとスポンサーからの2～3名体制が多い。 ③ スポンサーが自社からのみの委員選出に固執する場合は、サブは経理システムや発注権限をサブに任せるよう交渉する方法もある。
委 員 の 資 質 と 心 構 え	① 監査には相当な労力とともに、経理・法務面の専門知識と判断力が必要。 ② チェックのためには現場社員等との情報交換が重要。 ③ 竣工間際に、サブ側委員が弁護士とも相談して本格的な監査を行う場合は、スポンサーとの衝突の覚悟、ならびに他のJV現場への影響にも留意する必要あり。

2. 監査内容

項　目	内　容
JV運営に関する業務が適正か	① JV協定書、運営委員会・施工委員会等の各種規則、法令等に照らして調査。 ② 通常、協定書では運営・施工委員会が必要時開催され、以下が所要な論点。 　i. 施主に対する追加変更の見直し、見積り又は契約状況の報告・討議。 　ii. 実行予算書の検討と承認。 　iii. 協力業者の決定と請負金額の決定。 ③ これらが委員会で討議・承認されているか、独断専行がないか等を調査。
経理取扱規則の運用が適正か	① 主要資機材の購入、リース単価や発注状況、実行予算書と既発注工事との関連、予算と実績に著しい差異があった場合の付議・承認手続き等を調査。 ② 決済済みの事案でも監査委員の指摘は法的に優先され、是正が認められる。

「ゆめが丘駅前再開発事業工事計画の概要」

1	用　途	店舗、事務所、住宅、駐車場ほか	
2	工　期	××年×月～××年×月（30か月）	
		事務所棟	住宅棟
3	構造と階数	SRC造（B2～2F）＋S造（3F～28F） 制振構造	SRC造（B2～2F）＋RC造（3F～30F） 制振構造
4	基準階面積	672㎡	660㎡
5	延床面積	21,500㎡（6,510坪）	21,100㎡（6,359坪）
6	延床面積合計	42,600㎡（12,869坪）	

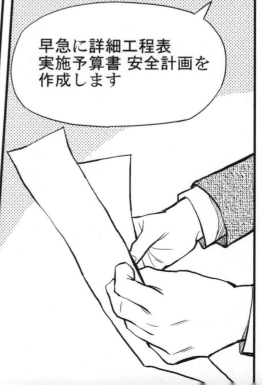

解説 10 議事録を残す

1. 文書主義（書面主義）の重要性

　会議の議事録を残すことは、ビジネスの基本であり大変重要である。人の記憶は時間の経過と共に曖昧になり、「言った」「言わない」の水掛け論になったり、責任の所在も不明確になりかねない。このため議事録は、備忘録や証拠書類として出席者の意識確認のみならず、非出席者への周知資料としても必要不可欠なものである。

　特にJV工事は、各構成員の協調と相互信頼の上に成り立つだけに、水掛け論は他構成員への約束違反となり、円滑なJV運営に支障をきたすこととなる。また、長工期工事では竣工までに運営委員等役職者の人事交代もよくあり、議事録は会議時の責任者間の取り決め事項を正確に伝達する唯一の重要な資料となる。このため、各種委員会の議事録や打合せ内容は、正確な文言で書面に作成し、工事完了まで保管することが重要である。また万一、裁判や調停に訴えるような深刻な事態になれば、ますますその重要性が高まる。

2. 議事録の記載事項

① 基本事項	会議名、議題、開催日時・場所、出席者氏名
② 議事内容	決定事項、役割分担、実施期限、主な意見、今後の課題、次回日程
③ 付帯事項	議事録作成者氏名・捺印、出席者の内容確認の署名・捺印、議事録の配布先

3. 議事録作成者の役割と留意点

議事録作成者	① JVにおける議事録作成者は、スポンサーの事務責任者がなるのが一般的である。 ② ベテランの事務職が適任である。
議事録作成上の留意点	① 議事録は、作成者の主観を入れず、事実のみを記載することが大原則である。 ② ただし、建築部長や作業所長は、工事や会議をリードする責任者であり、その自負から時に勇み足的発言をすることもある。そのような場合は、微妙な言い回しにする工夫も必要である。　　　（※勇み足的発言の例は下記マンガを参照）
他の構成員の留意点	① 各社の要望に対して約束した責任者の発言は重みがあり、議事録に必ず記載するよう、会議終了時には議事録作成者に念を押す。 ② 後日送付されてきた議事録の内容を至急チェックし、誤りや記載不備等があれば、必ず是正させてから正式文書として残すよう要求する。

《 勇み足的発言の例 》

※この例は、本書のストーリーとは一致していません。

現状では積算NETから乖離していますが、必ずや挽回してみせます

利益率10％を死守します

解説 11 JV工事での技術職の役割

1. 技術職の役割

(1) 大手ゼネコンの技術力
　建設工事では、技術職の仕事は非常に重要である。特に工事が大型又は特殊になるほど、その存在価値は高まる。受注高・完工高が多く、世間からも"大手"と呼ばれるゼネコンは、技術部や技術研究所を有している会社が多いが、その優れた技術力があるからこそ施主に信頼され、"大手"になるべくしてなったと言える。

(2) JV工事での技術力の差
　JV工事では、この技術力の差があればこそ"大手としての存在価値"、"スポンサーとしての存在感"を他の構成員に示すことができる。技術力の差を見せつけられたサブは、切歯扼腕するのみで対抗手段はない。その結果、サブは"何事もスポンサー任せ"となり、業者決定や発注金額など、様々な協議事項にもクレームが付けられない雰囲気をもたらす。
　実際、技術職は、工事期間中いつでも現場作業所からの相談に乗るが、特に、工事開始時の計画立案などの最も重要な時期に、現場からの要望に応えて大活躍するのでその効果は絶大である。

2. 技術職の具体的仕事

※本書でも、日常は支店勤務の技術職が施工委員会の席上で、下記のような専門的な説明を行っている（42～46ページ参照）。

技術職が直接的関与、又はアドバイスを与える業務例

① 高層ビル及び高層住宅の揚重計画、特に揚重機の機種選定と台数、設置位置・期間の策定
② 高層ビル及び高層住宅の外部足場計画に対するアドバイス
③ 揚重機の設置、クライミング、解体作業へのアドバイス
④ 土留め工事専門施工会社と協力して、ソイル柱列連続壁の杭径、杭芯材、施工範囲の決定
⑤ 土留め連続壁に対する切梁、アースアンカー工事の策定
⑥ 地下水に対する水留計画のアドバイス
⑦ フロア型JCC400の稼働に対する鉄骨補強策の決定
⑧ オフィス棟、住宅棟の制振壁設置等の検討とアドバイス(設計事務所が存在する場合)
⑨ 構真柱の断面等構造部材の決定と施工アドバイス
⑩ 仮設乗入れ構台の位置・大きさの検討と、断面や構造部材、固定方法の決定

今から10数年前になります…

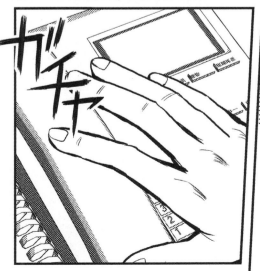

青葉は金沢所長の提案や理由を詳しく説明し今後の対応を相談した

うーん
額面通りに受け取ってええもんかどうか……

それだとスポンサーとしてのメリットが出ませんね

私もJV勤務した奴に聞いたことがありますがスポンサーが懇意の下請業者を利用して自社に有利に運ぶこともあるそうです

……….

解説 12 | スポンサーメリットの有無

　JVでは、工事全般をスポンサーが指揮遂行し、経理システムもスポンサーの形態で行われるのが通常である。このため、スポンサーには、定義や範囲は明確ではないが、いわゆる"スポンサーメリット"が生じる余地があると言われている。

1. スポンサーメリットの有無

　まず、実際にスポンサーメリットがどの程度あるか、「建設工事共同企業体（JV）に関する実態調査」（※注）を引用してみると、スポンサー実績がある企業のうち6割以上の企業が『スポンサーメリットが有る』と回答している。

　なお、筆者の経験からすると、実際には「有」の割合がもう少し高いように思われる。

区　分	有	無	無回答	合　計	（有効回答数）
公 共 工 事	63.4 %	34.1 %	2.5 %	100.0 %	595
民 間 工 事	66.3 %	31.5 %	2.2 %	100.0 %	276

2. スポンサーメリットの項目

　次に、スポンサーメリットの具体的項目については（複数回答）、『下請業者の選定権によるもの』が7割以上、『協定原価の決定権によるもの』及び『自社の資機材等の優先的使用』がともに6割前後あった。また、『資機材等の調達価額が協定原価を下回ったことによる益金』も1/4程度あった。

項　目（複数回答可）	公共工事	民間工事
1. 協定原価の決定権によるもの	65.0 %	50.3 %
2. 下請業者の選定権によるもの	70.0 %	70.5 %
3. 自社の資機材等の優先的使用	58.1 %	65.0 %
4. 資機材等の調達価額が協定原価を下回ったことによる益金	26.3 %	25.7 %
5. 出資金等の利息	4.5 %	3.3 %
6. 設計変更・追加工事等の値増金	2.4 %	4.9 %
（有効回答数）	377	183

【注】「建設工事共同企業体（JV）に関する実態調査」の概要

1. 財団法人建設業振興基金（当時）が平成12年7月に実施した調査。
   建設会社3,000社を対象に行い、回答数は1,518社（うち有効回答数1,125社）。
   調査結果は、特定JV、経常JVに分けて集計され、上記の2表は特定JVのものである。
2. ただし、上記2つの調査項目は、JVスポンサー経験がある企業に対して行ったものであり、JVサブのみ経験の企業は対象外となっている。

SCENE 7 協力業者の選定

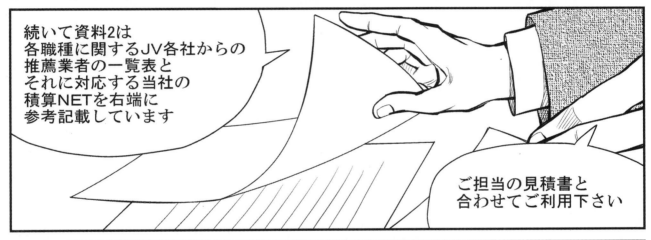

解説 13 協力業者の選定方法

1. 協力業者選定の適正化

　JV工事では各構成員間の信頼と協調が必須であり、協力業者、すなわち下請業者及び資機材業者の決定は適正に行われなければならない。しかし、各構成員はこれらの協力業者を異にしていることが多く、これらの決定いかんでは的確な施工の確保に支障をきたす恐れがある。このため、これら協力業者の決定は、施工委員会等において適正な手続き等を定めることとしている。

2. 協力業者選定の手続き

　協力業者の決定及び契約締結に関する事項は、運営委員会が決定することとなっており、購買管理規則を定め、これにより購買業務が行われる。ただし、工事の円滑な施工を行うため、実質的な業者選定作業は施工委員会が行い、必要に応じて施工委員会の下に購買部会を設けることもある。

3. 協力業者選定の流れ

　協力業者の決定に至るまでの流れは、おおむね以下のとおりである。また、資材業者の決定は、価格・品質・納期等を勘案し、協力業者決定の手続きに準じて行い、機材業者の決定は、施工工種、工法に適した機材の選定に留意して行う。

各構成員による協力業者の推薦	施工委員会は、希望工種ごとに各構成員より協力業者の推薦を受ける。
審査・選定	施工委員会は、推薦業者の施工能力、雇用管理及び労働安全管理の状況、労働福祉の状況、関係企業との取引状況等を総合的に審査し、原則として複数業者を選定する。
条件明示・見積合わせ等	施工委員会は、選定業者に対し遅滞なく、工期・工事内容・仕様書・図面見本等を明示し、入札又は見積合わせを行う。
運営委員会への推薦	施工委員会は、入札又は見積合わせの結果等を勘案して業者を決定し、運営委員会に推薦する。併せて、業者に関する資料及び応札又は見積金額等の資料を提出する。
協力業者の決定	運営委員会は、施工委員会からの推薦を踏まえ、提出資料等を総合的に判断し、協力業者を決定する。

解説 **14** | 協力業者への発注の実態

1. 発注業務の実態

　JVは独立した事業所で、各構成員はその事業所に社員を派遣し、資本を投下している。一般に、JV工事は大型工事であるため協力業者への発注金額は大きく、この発注のやり方次第で各構成員の利益確保に大きく影響が出る。協力業者の選定に際し、その協議に各構成員がきちんと参画して決定されれば良いが、実際にはそうとも限らない。ここで、協力業者への発注業務の実態について、前出の「建設工事共同企業体（JV）に関する実態調査」を引用してみる。

　調査結果によれば、『全て構成員間で協議』が4割前後、『特定の工種や金額を超えるものは構成員間で協議し、それ以外はスポンサーが決定』が4割あり、業者選定に際して構成員が協議しているものが合わせて8割前後あった。一方で、『全てスポンサーが決定』が1〜2割あった。

　ただし、『全て構成員間で協議』と『全てスポンサーが決定』の回答は、スポンサー側調査とサブ側調査とで数値に開きがあり、両者の受け止め方の相違が見られる。

下請業者の選定方法	スポンサー	サブ
1. 全て構成員間の協議により決定	46.3 %	38.2 %
2. 特定の金額を超えるものは構成員間で協議し、それ以外はスポンサーが決定	26.9 %	29.0 %
3. 特定の工種のみ構成員間で協議し、それ以外はスポンサーが決定	13.1 %	11.9 %
4. 全てスポンサーが決定	11.4 %	17.6 %
5. 下請業者の入札により決定	0.3 %	0.5 %
6. 無　回　答	2.1 %	2.9 %
合　　　計	100.0 %	100.0 %
（有効回答数）	871	1,084

注. 上記の調査項目は、スポンサーとサブに分けて調査・集計されている。

2. 発注業務におけるスポンサーメリット

　いわゆる"スポンサーメリット"の存在については、解説12で述べたように7割以上の会社が『下請業者の選定権によるもの』を挙げている。もし、スポンサーのみで下請業者を決定するようであれば、発注金額も大きいだけに、スポンサーメリットが生まれる余地も大きくなる。JV運営には各構成員の信頼と協調が不可欠であり、発注業務に関しても公正妥当な意思決定が行われるよう、各構成員は運営準備委員会等で以下のような提案を行い、十分な検討を行うべきである。

① 購買部会の設置
② 仮にスポンサーのみで決定する場合でも、最終段階ではサブも発注業務へ参画
③ 購買責任者の購買部会又は各種委員会への出席
④ 高額案件への事前承認制度

解説 15 | 協力業者への発注に関するサブ側の留意点

　前述のように、協力業者への発注業務に関して全てとは言わないまでも、スポンサーが主導権を取ったり、何らかのスポンサーメリットが存在するのも事実である。その場合、サブとしてどのようなことに留意すべきか考えてみる。

1. 躯体業者への発注

　躯体に関する型枠工・鉄筋工・とび土工は"三役"とも呼ばれ、これらの発注業務は当該工事の品質管理・工程管理・安全管理等を左右する重要な工種である。また、躯体業者は、ゼネコン各社の専属又は准専属となっていることが多く、特定のゼネコンとの結びつきが強い。そこで、サブとしては最低限、以下のようなことは実施すべきである。

サブの 対　応	① 「建設物価」・「建築コスト情報」の価格情報誌により、発注単価を世間相場と比較・検討。 ② サブ会社専属の躯体業者から相見積りをとり、発注単価を比較・検討。 ③ 数量は、数量積算表と「建設工事標準歩掛」と比較・検討。 ④ 工事終盤には追加・変更工事が多くなるが、これらの明細書もチェック。 ⑤ 以上の結果、疑問などがあればスポンサーに確認。

注. 「建設物価」・「建築コスト情報」・「建設工事標準歩掛」は、一般財団法人建設物価調査会が発刊。

2. 系列会社経由の発注

　中堅以上のゼネコンには、商社・舗装・不動産等の多数の系列会社がある。これらの会社は、資本関係や人事交流等を通じて、特定ゼネコンとの結びつきが強い。したがって、スポンサーがこれら系列会社への発注を提案してきた場合も前項同様の対応が肝要である。

3. 一般業者への発注

　一般業者の場合は、躯体業者や系列会社に比べると、特定ゼネコンとの結びつきは強くない。しかし、工種数が多く発注金額の合計も多くなるだけに、前項同様の対応が肝要である。ただし、これらの工種は躯体工種に比べると世間相場との比較・検討が難しいため、以下のような見積業者対応はぜひとも必要である。

サブの 対　応	① 工種・品目数が多いので、主要項目や金額の大きい項目に絞って注文明細内容を確認。 ② サブ推薦の下請業者を必ず見積参加させる。 ③ 特定のゼネコンとの結びつきが薄い地元業者を見積参加させる。 ④ 運営準備委員会で見積参加業者一覧表を受領し、その後の見積参加の有無を必ず確認。 ⑤ 以上の結果、疑問などがあればスポンサーに確認。

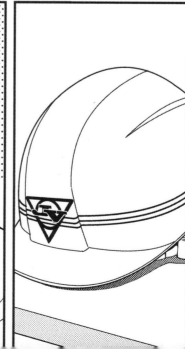

解説 16 | JVにおける会計処理

1. 会計処理のポイント

　JVを構成する各構成員の会計処理方法は異なっているのが一般的であるが、JVとしての会計処理は各構成員間で合意された統一的基準に基づいて行われなければならない。通常は、スポンサーの会計基準で行われることが多い。なお、JVの会計処理については、国土交通省ホームページにある「共同企業体運営指針」、「共同企業体運営モデル規則」等も参考にされたい。

項　目	内　　容
経 理 部 署	JV工事事務所内に経理担当部署を設置し、会計帳簿及び証憑書類等を整備する。
会 計 期 間	JV成立の日から解散日までとし、毎月1日〜月末締めとする。
経 理 処 理	JVは独立した会計単位として経理する。 ただし、スポンサーの電算システム等を使用することも可能。
情 報 開 示	原則として月1回、各構成員に会計報告を行い、また構成員から求めがあれば随時、会計情報の開示を行う。
出 資 ・ 支 払	JV所長は資金収支計画に基づき、各構成員に毎月資金を請求し、各構成員はその請求書に従い出資を行う。
決 算 ・ 監 査	竣工後、所長は貸借対照表・損益計算書・完成工事原価報告書等を作成し、精算業務を行う。監査委員は決算案等の監査を行い、監査報告書を運営委員会に報告する。

2. プール方式

(1) プール方式とは

　「プール」は、文字通り"貯める"という意味である。JV工事で施主から支払われる前渡金や出来高入金（取下金）をその都度、各構成員に分配することをせず、精算段階まで保留する制度をいう。

プール方式の仕組み	① 前渡金があった場合、この前渡金に達するまでの必要資金はプール金から支出する。 ② その後の工事進捗に伴う資金不足分は、出資金として各構成員が負担する。 ③ 中間金があった場合、それまでの実質出資累計額より前渡金と中間金の合計が多ければ、実質出資金までを一旦、各構成員に返金し、残金を改めてプールする。 ④ 竣工後、精算業務が終了し、余剰金が出れば各構成員に出資比率に応じて分配される。

(2) プール方式の必然性

　公共工事や一部の民間工事では、工事着手時に前渡金が支払われる。これは、工事業者が準備段階で資金が一時的にひっ迫するのを救済するために行われたものであった。しかし、過去に前渡金を受け取った翌日に業者が倒産し、残った構成員で工事を完成させなければならないケースが度々起こった。そこで、その防止策として「プール方式」が採用されるようになったのである。

SCENE 9 技術・工法の習得

工事が本格的に始まり―

現場監督・作業員の元気な声や建機の音が響き渡り現場は活気に満ち溢れていた

おはようございます！

おはよう！
今日からソイル柱列連続壁工事に取り掛かるぞ

はい

でも私はシートパイルやH鋼横矢板工法しか経験がありません

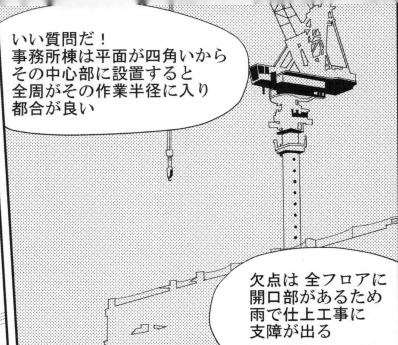

解説 17 | アースドリル拡底杭施工と構真柱の建て込み

現場監督としての管理のポイントは何ですか？

北大路
1つは、図❻のトレミー管建込み時のスライム処理だ

スライムって掘削の時に出るヘドロみたいなものですよね

北大路
そう。それを完全に除去しないと建物が支持層に固定されないんだ

何に注意すればいいんですか？

北大路
掘削時のスライム処理が終わって、鉄筋カゴを挿入した後、2次スライム処理が完全に行われたか否かを確認することだね

朽木
もう一つ、図❸の杭底辺を拡大する際に、掘削機の先端部分を拡底バケットに取り換えるんだが、このバケットが所定位置で十分に開かないことがあるんや

どうしたらいいんですか？

北大路
杭打ち作業員がバケットを引き上げて点検修理し、再び最下端に戻すんだ

朽木
だが、作業員の言葉を鵜呑みにしちゃダメやで

えっ!? 何故ですか？

朽木
拡底バケットが正しく機能したか、拡底部分の土砂が排出されたか、キチンと見届けるのも現場監督の仕事なんや

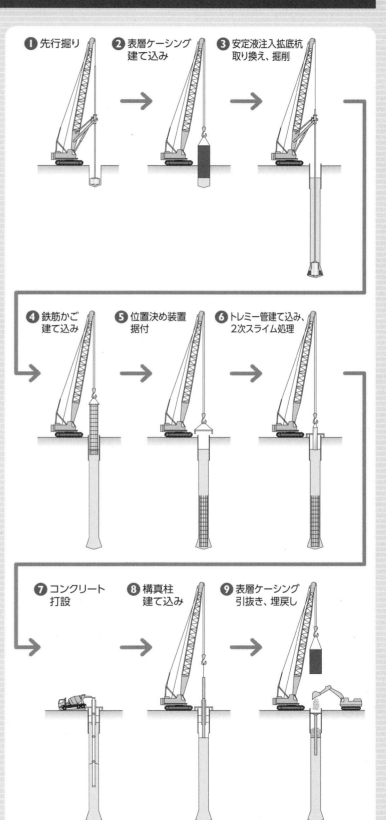

❶ 先行掘り
❷ 表層ケーシング建て込み
❸ 安定液注入拡底杭取り換え、掘削
❹ 鉄筋かご建て込み
❺ 位置決め装置据付
❻ トレミー管建て込み、2次スライム処理
❼ コンクリート打設
❽ 構真柱建て込み
❾ 表層ケーシング引抜き、埋戻し

解説 18 | トップスラブのコンクリート打設

逆打ち工法って何ですか？

青葉
通常のコンクリート打設はどうやる？

掘削して、基礎部を打設して、1階、2階と上階に向かって打設しますが…

青葉
そう、順打ち工法だね

分かった！逆打ちだから下へ向かうんですね

青葉
正解！掘削に従って1階→B1階→B2階と、下層階に向かって打設する

メリットは何ですか？

青葉
地上から上層階への工事と、地下工事が同時に施工できるから、工期短縮と周辺環境を配慮した安全性の高い地下工事ができるんだよ

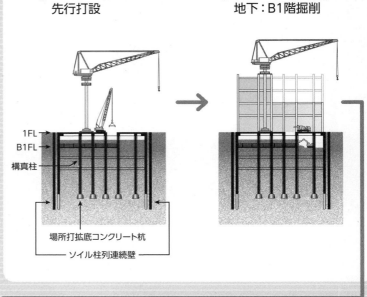

❶ 1階床（トップスラブ）先行打設
　1FL
　B1FL
　構真柱
　場所打拡底コンクリート杭
　ソイル柱列連続壁

❷ 地上：2節鉄骨建方
　地下：B1階掘削

❸ 地上：5節鉄骨建方
　　　　上部躯体工事中
　地下：B1階躯体工事完了後
　　　　最下部掘削中

❹ 地上：鉄骨建方終了
　　　　上部躯体工事継続中
　地下：躯体工事完了直後

解説 19-1 タワークレーンの設置とクライミング（1）

 JCCって何の略ですか？

 金沢：ジブ・クライミング・クレーンの略だ。ジブはクレーンの腕と言う意味だよ

 JCCの後の数字は何を表しているんですか？

 金沢：作業半径×定格加重を表し、数字が大きいほど大型クレーンになる

 金沢：例えば400なら、中心から40m離れた物を吊る場合は10tまで。40tの物を吊る場合は半径10mまでということになる

 なるほど、学校で習ったモーメントですね

 金沢：ジブは作業半径より約1割長いものを使うんだが、もう少し遠くへ吊り込みたい場合は、孫ジブと言って先端にジブを継ぎ足すんだ

 モーメントだから、ジブが長くなると吊れる物は軽くないとダメですよね

 金沢：そう。過積みすると、クレーンが転倒したり、ジブが折れたりするからね

❶ 基礎となる架台を設置し、底部マストを取付ける。

❷ マスト、昇降装置、旋回フレーム、運転室を取付ける。

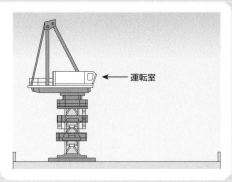

❸ 巻上げ装置、ジブを取付け、ワイヤロープを仕込む。

❹ 完成

解説 19-2 | タワークレーンの設置とクライミング（2）

タワークレーンって、どうやって上層階に上げるんですか？

猫車

フロア型クレーンは、外部からマスト（支柱）を吊り上げてきて、最上部のマストの上に自分で継ぎ足すんだよ

猫車

だから運転台はマストの真上ではなく、少しズレた位置にあるんだ

その次はどうするんですか？

猫車

躯体で固定した上で、自分で台座ごと本体をよじ登るのさ

へぇーっ、尺取虫みたい。マスト型はどうやるんですか？

猫車

登る方法は同じさ。違うのは設置位置が建物の内部か外部か、台座が有るか無いかだけさ

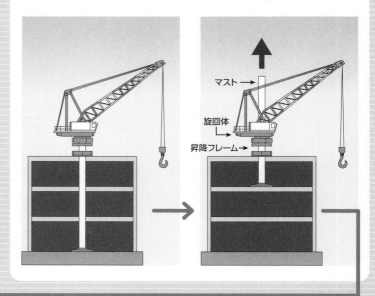

❶ タワークレーンを組立て、数階分を施工する。

❷ 最上部のフロアに本体を固定して、本体の油圧シリンダでマストを引き上げる。

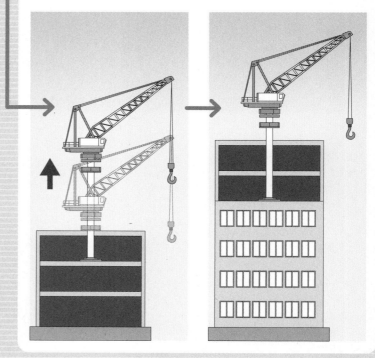

❸ マスト最下部を最上部フロアに固定して、今度は本体がマストを昇る。

❹ これを尺取虫のように何度も繰り返す。

SCENE 10 JV社員のチームワーク

解説20 JV工事における安全管理活動

1. 労働災害・事故処分に対する考え方の変化

　昭和60年代初めまでは、主として官庁工事ではJV工事での重大な事故や労働災害を起こした場合、指名停止になるのはスポンサーだけであった。これは、施工計画の立案から協力業者への発注、現場施工等は、実質的にスポンサーがほぼ単独の責任で行っていることから、安全管理活動も同様であるという認識に基づくものであった。

　しかし、平成入り後、国土交通省を始め諸官庁は、災害防止・安全対策により力を入れ、その一環として、事故が発生した場合は"JV構成員全ての責任"であると唱え始めた。その結果、状況に応じてサブにも指名停止等の処分が科せられるようになった。

2. 安全管理活動はJV全体の責務

　単独工事、JV工事を問わず、労働災害や事故が発生した場合は、当該現場での安全対策や実施状況が万全であったか否か、労働基準監督署等により様々な観点からチェック・検証が行われる。安全管理活動は、スポンサー・サブの区別はなく、JV構成員全体の責務である。

安全管理活動	① 施工計画立案における技術責任者の参画 ② 安全日誌等の各種書類の記入状況 ③ 安全担当者及び工事責任者による現場巡視 ④ 毎月の安全パトロールへの安全担当者他の参加 ⑤ 中間時など品質パトロール時における品質管理責任者の同行

3. 安全パトロールの副次的効用

　安全管理活動には様々なものがあるが、毎月実施の安全パトロール等の現場行事への参加は、安全対策以外への副次的効用もあるので、是非とも積極的に活用すべきである。特にサブは、各母店から現場へ幹部が訪問しづらく、このような安全行事は現場を訪問する絶好の機会である。

　この参画によりJV内部の実態や推移を実際かつ詳細に把握することができ、後日開催される各社幹部による重要な会議においても発言に重みが増す。また、母店幹部の訪問は、自社現場社員の士気高揚にもつながるからである。

安全対策については、『まんが／めざせ！現場監督』や『まんが／よくわかる工事現場の安全』も見てネ

解説 **21** │ 本社・支店のなすべきこと

工事の施工は現場社員の仕事だが、本社・支店には現場社員を支援するという重要な仕事がある。

1. 専門スタッフの各委員会への同席

JVの重要事項の決定は、主に運営委員会や施工委員会で行われるが、必ずしも登録委員があらゆる専門知識を持っているわけではない。必要に応じて、事前申請して専門スタッフを同席させるべきである。「餅は餅屋」である。ただし、これらの専門スタッフは、それまでの流れや現場独自の取り決めを理解していないため、事前の周到な打ち合わせが必要不可欠となる。

2. 母店幹部の現場訪問

母店幹部がJV現場を訪問することも重要で、挨拶回りや安全パトロール等の機会を利用して、できれば月1度は訪問したい。特にサブ社員にとっては"強力な援軍"の到来となる。

目 的 ・ 効 果
① 自社単独現場とは異なる環境で、精神的苦労も大きいJV現場社員への激励になる。 ② 他の構成員に対して自社の熱意が伝わり、信頼・協調関係の構築に効果が大きい。 ③ サブ社員は、スポンサー傘下の協力業者との間で上手く意思伝達できない場合があるので、そのバックアップ効果は大きい。

3. 社内JV会議の開催

JV現場社員と本店・支店幹部との社内JV会議を2か月に1度程度開催することが大切である。

目 的	内 容
情 報 交 換	① 各JV現場の情報を交換し、互いに知識と折衝術を学ぶ。 ② JV現場社員が抱える問題や悩みの解決策を検討し、利益向上にもつながる。 ③ 本店・支店幹部もJV現場の活きた情報を吸収でき、今後の参考資料となる。
士 気 高 揚	① JV現場社員は、規則・制服・協力業者など母店とは異なる環境で長期間働く。その精神的苦労は大きく、母店幹部や他現場仲間との顔合わせはその解消に効果がある。 ② 会議後、親睦会を兼ね飲食を共にすれば、その効果はさらに上がる。

4. 社内対策会議の開催

JV現場の原価状況が芳しくない場合には、急遽、社内対策会議が必要となる。

留 意 事 項	① 開催回数と出席者は最小限に絞る。中身の濃さが重要。 ② JV現場社員は、事実を曲げたり誇張せず、会議出席者に正確な情報を提供する。 ③ 会議の目的は対策であり、責任追及や批判ではない。利益向上への建設的意見が必要。 ④ 社内対策会議の結果は、JV委員会で理路整然と勇気をもって主張する。

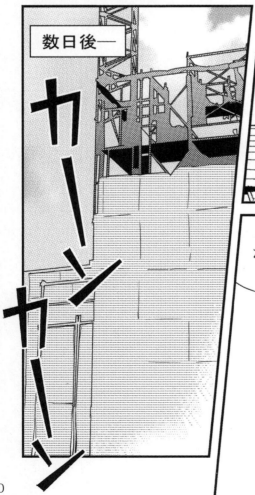

解説22 JV現場社員のなすべきこと

JV現場に派遣された社員は、自社単独工事で行う"通常の仕事"以外にも、"JVだからこそなすべき仕事と心構え"がある。ここでは、サブ社員を中心にまとめてみる。

1. 最新技術・特殊技術の習得

JV工事では、大型工事ならではの最新技術や特殊工法が取り入れられており、サブから派遣された社員にとっては、自社単独工事では経験できないことを習得する絶好の機会である。事前に技術図書等で最低限の知識を勉強したうえで、自分の目で見て体験し、糧にすることが最大の責務と言える。もちろん、工事データの整理・保存のみならず、竣工後は社内発表会を行い、全社の技術力向上・拡充に役立てるべきである。

2. 他社の良い制度や姿勢の習得

自社単独現場しか知らない社員は、"自社ルールが当然"と考えがちである。しかし、JV現場で他社の制度や仕事のやり方に接することで、「目から鱗が落ちる」こともしばしばあり、良い制度等は自社にも積極的に採り入れるよう母店に提案すべきである。

項　目	管理・教育が緩い例	管理・教育が厳格な例
コスト感覚	原価管理や発注業務は所長の専権事項であり、一般社員は日常業務で協力業者を使って業務をこなすのみ。	新入社員の時から実行予算書の内容の把握や工事管理状況報告書の作成など、厳しい金銭感覚を身に着けさせる。
協力業者との接触	協力業者の現場事務所内への入室が自由で、外部の喫茶店等での接触も多い。	協力業者の現場事務所内への入室は一切禁止で、接触は打合せ室に限定する。
事務社員の業務内容	技術社員の単なるお手伝いや、月末の協力業者からの請求処理等が主たる業務。	原価管理責任者として、発注依頼書に基づき現場における全ての材料を注文する権限と機能を有する。

3. 利益向上への間接的貢献

JV全体及び母店の利益向上のためには、施工や発注業務など直接的なものだけでなく、下記のような間接的なものにも注力が必要である。

項　目	なすべき内容
的確な情報の収集・提供	日常は母店で勤務している運営委員や施工委員が委員会等で討議できるよう、実行予算書・発注回議書・決算書類等から必要な情報を収集し、的確な情報提供を行う。
他社との協調	的確な情報収集には他の構成員との情報交換も必要で、委員会での重要事項の決定に際しては事前の根回しも必要となる。日頃から他社との信頼・協調関係を築いておく。
重要書類の保管	現場内にはJV全体の重要書類のほか、各構成員の機密書類も多数ある。これらの書類は、細心の注意を払い厳重に保管する。

SCENE 12　実行予算書のチェック

着工から3か月
ようやく実行予算書案がまとまり
早速 ドリーム会が開催された

実行予算書案が
まとまりました

請負金額184億4千万円に対し
実行予算書案額は
174億3千万円

粗利は5.5%で
積算NET時の2.2%に比べ
3.3ポイントのアップです

副支店長要望の
粗利最低5%は
何とかクリア
しましたね

しかし目標は
8%ですから
もうひと踏ん張り
しましょう

解説23 | 実行予算書の意義

1. 単独工事の実行予算書

　実行予算書は、土木工事では工種ごとに材料費・労務費・外注費・経費等の区分で整理され、本書の如く建築工事では工種ごとに実行予算と実績とを全体かつ細目レベルでも常に対比できる形になっており、現場の利益目標に到達するための道標である。

　また、実行予算書は、現場の最高責任者である所長の"コミットメント（公約）"であり、建築部長や主管者（社長、支店長等）が追認した、利益達成のための基本書類である。

（※実行予算書については、前作「まんが めざせ！ 現場監督」に詳しいので参考にされたい）

2. JV工事の実行予算書

　JV工事では、スポンサーは通常「JV用」と「自社単独用」の2種類の実行予算書を作成する。前者は、請負金額がJV工事全体のもので、サブにも提示され、これが"公式な実行予算書"である。一方、後者は、請負金額がスポンサーの出資比率を乗じたものとなっており、"スポンサー専用の実行予算書"である。もちろん、"利益目標達成に向けての道標"、及び"所長のコミットメント"という意義は、単独工事の場合と何ら変わらない。もちろん、サブも同様に作成するのが一般的である。

3. 実行予算書の提出時期

　このように実行予算書は、JV現場の最重要資料であるだけに、できる限り早期に作成・提出されなければならないが、実際にはスポンサーから運営委員会に提出されるのは工事や発注がかなり進んだ段階であることが多い。したがって、各構成員は、運営準備委員会や運営委員会の席上で、具体的な期限を切って予算書の早期提出を求めることが肝要である。

（※本書シーン5でも運営委員長が現場所長に対し、期限を切って早期提出を求めている）

4. 実行予算承認時の「努力目標値」

　スポンサーとサブの間で実行予算書の利益数値が乖離し、結果、スポンサー提示の数値で承認し、その代わりとして実行予算書の表紙に「努力目標〇％UP」と記載して、事態を収拾するケースがよく見受けられる。しかし、これは単なる「希望」数値であり、各種数値を積み上げた「実行予算書の利益数値」の法的根拠すら疑わしいのに比しても、ほとんど意味がなく有効性もない。

5. 工事管理状況報告書

　実行予算書の内容は運営委員会の承認が必要であるが、その運営委員会は最初の開催と実行予算書案の承認時の開催の後は、特に大きな問題が生じない限り、竣工時まで開催されないことが多い。

　したがって、工事途中では実行予算と工事原価及び利益の進捗状況を、実行予算書で把握することができない。ただし、JV工事では、工事や利益の進捗状況を各構成員に周知させるための「工事管理状況報告書」が毎月提出されており、この資料は実行予算書と対比する形で工事原価や利益の推移が記載されているので、サブとしてはこれを大いに活用したい。

　なお、この「工事管理状況報告書」も「JV用」と「自社単独用」の2種類が作成される。

解説 24 | 実行予算書の活用

1. 実行予算書の作成と活用のポイント

実行予算書の原案作成から承認までの流れと、実行予算書又は工事管理状況報告書の活用のポイントをまとめると、以下のようになる。

項　目	内容・留意点	
予算書原案の作成	① 原案の主な項目・金額は、スポンサーの支店で作成することが多い。その場合でも、作業所長が中心となって、作業所全体でサポートする。 ② 直接工事の外注ものは購買部が主体となるが、設備工事は設備部、躯体工事は建築部躯体課、資材は資材部が責任をもって金額計上する。 ③ 仮設工事は現場と機材センターが、現場経費は所長と事務長が協議して計上する。 ④ 各部署が計上した予算書は、建築部長直属の予算審査課が審査する。	
予算書案の分析・検討	① 当初の見積作業に参画していないサブにとっては、スポンサーから提示される実行予算書が数量・単価・総金額が分かる唯一の資料である。 ② サブは、予算書案のうち主要項目や金額の大きな項目は中身を詳細に分析・検討する。	
	③ 黒字なら	最終決算に向け「さらなる利益アップに頑張りましょう」と激励。
	③ 赤字なら	JV運営の実質的主導権はスポンサーにある以上、サブとしては赤字要因とともに、挽回策として具体的な手段と目標をスポンサーに質す。
予算書案の承認	① 実行予算書案は、工事計画に基づき施工委員会で作成し、運営委員会の承認を得る。 ② 所長は、常に実行予算と工事実績を比較検討し、施工の適正化と利益確保に努め、その状況を定期的に運営委員会に報告する。 ③ 予算と実績の間に重要な差異が予想されたり、又は実際に生じた場合は、その都度理由を明らかにし、運営委員会の承認を得る。	

2. 実行予算書と最終利益が乖離した場合

JVで生じた利益や損失は、各構成員の出資比率に応じて分配され又は負担する。実行予算書に記載された利益数値はあくまで目標数値であり、最終利益が実行予算書に記載された利益を下回ったとしても、差額分の補填をサブがスポンサーに求めることは法的にはできない。

ただし、スポンサーは他の構成員とは異なり、JVを代表して協力業者の選定に大きく関わり、施主や監理者と金銭を含めて様々な交渉をしたり、同意決定できる権限が付与されている。したがって、もし最終利益が予算額を下回った場合、その責任の所在を明らかにする義務があり、スポンサーは『善管注意義務違反』、すなわち"善良なる管理者として注意する義務"を怠ったとも言える。したがって、サブはスポンサーと交渉する余地があるので、泣き寝入りする必要はない。

解説 25 | JV工事での設備職の役割

　設備工事は、総工事費の1/4、直接工事費の1/3近くを占め，JV工事ではこの取扱いが利益の成否を決定づける。しかし、設備は以下の理由によりスポンサーに有利、サブに不利に働きがちである。

1. 設備工事の精査が難しい理由

設備職の多寡

　一般に設備職は、大手会社には多く、中小会社には少ない。特に地方の小さな建設会社は建築職のみで、設備は外注する会社もある。このため、中小会社がサブの場合は、設備に問題がありそうだと思っても対応は難しい。

運営委員や施工委員は建築職が多い

　一般に運営委員会や施工委員会の出席者は建築職で、設備職は出席しないことが多い。このため委員会では、専門外の設備工事については議論や検討が深まらず、金額が膨大な割に抜け穴になりやすい。

設備工事の見積内容はファジー

　建築工事は、例えば型枠工事費なら施工㎡当たりの世間相場があり、仕上工事費でも協力業者に見積依頼すれば容易に単価を提示してくれる。このため、金額も相場から大きく乖離することは少なく、妥当性の判断も付けやすい。

　しかし設備工事は、「現場雑費」・「消耗品雑材料」・「運搬費」・「業者経費」等の一式計上の見積項目があるため、工事費全体がファジーとなり、金額の妥当性の判断が難しい。

設備見積は各専門業者の集合体

　建築工事は、協力業者に見積依頼するものの、明細作りまでは見積職自ら行うため内容に詳しくなる。しかし設備工事は、専門協力業者に見積業務一切を委託することが多く、特に避雷針・自動火災報知機・機械式駐車・昇降機等は専門業者任せとなるため、設備見積職は数量や条件の間違いチェック程度しかできない。見積作成者側でもこのような状況のため、ましてや精査する側は質問すらできないのが実情である。

2. 見積精査側の戦略

機器掛け率提示の要求

　建築・設備共、重要項目は工事見積書に歩掛や単価を併記するよう運営準備委員会で求める。

　例えば、電気盤類・照明器具、ポンプ・衛生器具、昇降機・機械式駐車等の機器類は定価の何掛けか、電線管はm当たり幾らか、配管工の工賃は幾らで見ているか、数量と機種を絞って記載することを求める。

　見積精査側の要求自体が見積作成側へのプレッシャーとなり、その結果、コストダウンにもつながる。

時には積算を行い本格検討

　時には実際に設備の見積を行い、見積作成側と本格的な価格検討を行うことも必要である。多少時間と費用は掛かるが、傘下の協力業者に依頼すれば再見積は可能。併せて、見積作成側の見積書との対比で問題点等の助言も得れば、各種会議での発言に重みが増してくる。

　ただし、見積作成側との軋轢も生まれる可能性があり、実施に際しては十分留意が必要。設備積算に詳しい会社という評判は、他のJV工事でも有効に働く。

解説 26 | JV工事での見積職の役割

1. 見積職は交渉相手のターゲット

　建設会社の見積部署の社員は、概して生真面目かつ内気で、相手を思いやる優しい心情の持ち主が多い（※筆者の経験による）。このため、他人を説得したり策を弄するのが不得手で、対外交渉も苦手な人が多いようである。一方、建築職、特にJV委員会に出席するような社員は、建築部長を始め、現場経験が豊富な百戦錬磨の猛者で、対外交渉も手慣れている人が多い。

　JV工事では各社とも母店の利益が念頭にあり、ある意味、各委員会は戦場である。争い事では相手の弱点を突くのが攻撃の鉄則であり、このような見積職は相手側の絶好のターゲットとなる。

2. 見積書内容の検討に際しての留意点

区　分	留　意　点
利益追求側	① 交渉相手は、見積作成側の「見積職」である。 ② 利益追求側の委員は、事前情報等をもとに疑問点等を見つける。 ③ 見積内容の不明朗な箇所、特に数量や単価が過大となっている可能性がある箇所を質問する。
見積作成側	① 各構成員間の論争は、スポンサーのみが見積作成した内容検討から始まる。 ② ここで回答に詰まると、見積作成側の金額全体に不信感を抱かれるのみならず、工事全般に渡りその後の交渉が難しくなる。 ③ それでも見積書の内容説明は、実際に作業を行った「見積職」がやらざるを得ない。 ④ 説明者は見積部長などに拘らず、説明上手な社員を選ぶべきである。 ⑤ 説明者と建築職が事前に入念な打合せを行い、いざという時はベテラン建築職が助け舟を出す体制が必要である。

3. サブによる再見積りの徴収

　JV工事の見積作業は、特殊なケースを除き、通常、スポンサーの専任業務である。しかも、これに要する費用は、JV工事の共通原価として認められている。

　しかし、サブがスポンサーの提示した「工事原価」や「見積NET」の内容に不満や疑問を抱き、納得できない場合は、改めて精算見積りをすることもある。これは、スポンサーと協議する上で、原価に対するサブ側の主張に根拠を持たすためである。もちろん、これは意義のある作業だが、構成員相互の信頼と協調が第一のJVにあっては、この再見積りをするという行為は極めて慎重に取り扱われるべきである。サブ側が「場合によっては当社でも再見積りをします」と言うだけで、ほとんどの場合、効果が発揮される。なお、この再見積りに要する費用はサブの単独負担となる。

解説 27 | 自社資機材の優先的使用の留意点

1. 仮設資機材の種類と損料・賃料の分類

　ゼネコンの機材センターが保有する資機材は、鋼製仮設材本体、鋼製仮設材部品、木製仮設材、揚重機器、雑品類の5種類で、それらの損料は1日単位・月単位のもの、1現場単位の整備費、滅失した場合の滅失料となっている。

2. 仮設資機材の特殊事情

項　目	内 容・留 意 点
協力業者は1社限定	① 一つの現場で使用される仮設資機材は、スポンサーの品物のみか、スポンサーが推薦するリース業者の品物のみに統一すべきである。 ② 理由は、2社以上の品物があると、部品に不整合が起こったり、工事終了後の滅失処理の際に混乱が起こる恐れがあるためである。
協力業者への一部早期発注	① 工事の進捗上、現場の仮囲い、既存建物の解体、仮設事務所、仮設電気・水道・ガス等は、本格的工事に先立ち早急に着手する必要がある。 ② このため、これらの発注はスポンサーの責任で行われることが一般的である。 （※本書シーン5でも所長がその辺の事情を各構成員に説明している）

3. スポンサーメリットの余地と留意点

　このような背景から、『自社資機材の優先的使用』は、スポンサーメリットが生じる余地も多く、前出の「建設工事共同企業体（JV）に関する実態調査」でも6割前後の企業がそのような回答をしている。したがって、各構成員としては、以下のような点に留意が必要である。

項　目	内 容・留 意 点
損料価格の内容確認	① 規模の大きなゼネコンは、仮設資機材損料基準表を自社単独工事用とJV工事用の2種類持っていて、JV工事用が自社単独工事用より割高に設定されていることがある。 ② JV工事でこの損料が余りにも割高な場合は、内容の確認が必要である。 （※本書シーン12でも青葉と渡辺が気づき、スポンサーのミスだったことが判明）
リース業者の提示価格にも注意	① リース業者も単独工事用とJV工事用の2種類の価格表を使い分けていることがある。 ② 提示価格は取引条件等により異なるので要注意。（一般資材でも同じだが） ③ 余りに高額の見積書が示された場合は、各構成員は取引実績の多いリース業者から相見積りを取り、内容確認する必要がある。

それは二か月前のことだった―

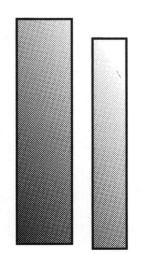

解説 **28** 協定原価とは

1. 協定原価とは

　"協定原価"とは、共同企業体の共通原価に参入すべき原価をいう。JV工事の原価管理は、単独工事の場合と同様に実行予算に基づいて行われるが、必要以上の経費が当該JV工事の共通原価として処理されないよう"協定原価"の範囲を明確にしておく必要がある。

2. 協定原価参入基準

　協定原価の範囲は、施工委員会で作成し、運営委員会の承認を得なければならないが、国土交通省「共同企業体運営モデル規則」にある"協定原価参入基準"を例示すると下表のとおりである。

協 定 原 価 参 入 基 準 の 項 目 例					
1	材料費	19	事務所・倉庫・宿舎等の借地借家料	37	派遣職員以外の出張旅費
2	労務費			38	赴任・帰任旅費手当
3	外注費	20	損害保険料	39	引越運賃
4	仮設損料	21	給与	40	通勤費
5	仮設工具等修繕費	22	時間外勤務手当	41	業務上の交通費
6	仮設損耗費	23	休日勤務手当	42	交際費
7	動力用水光熱費	24	宿直手当	43	寄付金
8	運搬費（No.11を除く）	25	日直手当	44	補償費
9	機械等損料	26	賞与	45	運営委員会諸費用
10	機械等修繕費	27	退職給与引当金繰入額	46	専門委員会諸費用
11	機械等運搬費	28	公傷病による休務者に対する給与及び賞与	47	各構成員の社内金利
12	設計費			48	工事検査立会費
13	見積費用	29	社会保険料	49	工業所有権の使用料
14	作業服・安全帽子等購入費	30	職員に対する慰安・娯楽費	50	構成員事務代行経費・電算処理費
15	作業服クリーニング代	31	健康診断料		
16	管理部門の安全・技術等の指導費用	32	慶弔見舞金	51	事前経費（No.12・13を除く）
		33	事務用品費（No.34を除く）	52	残業食事代
17	衛生・安全・厚生に要する費用	34	什器・備品類リース代	53	各種資格受験費用
18	労働者災害補償保険法による事業主負担補償費	35	通信費	54	前払金保証料
		36	出張旅費	55	その他の費用

133

解説 29 | 協定給与に関する留意点

1. 協定給与の決め方

　JVでは、各構成員の給与体系が異なるため、JVとしての統一給与額を定める必要がある。これを"協定給与"という。各構成員間で合意すればどのように決めても良いが、一般にスポンサーの給与水準とするか、五社協定又はそれの何掛けかで決めることが多い。

決定方法	内容及び留意点
スポンサーの給与体系に準ずる場合	スポンサーは、各構成員の中では最大手で、給与水準も最も高いことが多い。このため、この方式で決めればサブも不満はないはずである。
五社協定の給与体系に準ずる場合	五社協定の給与とは、東京地区の大手5社が平成11年に協議して決定した給与体系である。ただし、全体的に高過ぎるため、この何掛けにすることが多い。

2. 協定給与の問題点

（1）年齢給要素

　JV工事に派遣される社員は、本来優秀で意欲的な人が多く、また最近は能力重視の給与体系を採用している企業も多い。しかし、協定給与の体系が年齢に基づいているため、当然のことながら高齢者ほど給与が高くなり、能力が伴わないのに高齢というだけで給与が高ければ、現場経費面で問題がある。また、若くて優秀な社員の不満を招き、モチベーションの低下にもつながりかねない。

（2）各種手当

　JV工事の運営上、所長・副所長・主任・事務長等が配置され、これらに協定給与以外の役職手当を付けるケースもあるが、JVの構成上、これらの職務はスポンサーが独占することが多く、結果的にサブの不満を招きかねないため注意が必要である。

（3）地区統括職員の人件費

　会社によっては、地区統括所長や地区統括事務長と呼ばれる立場の職員がいる。本来、これらの職員の人件費は管理費で負担すべきであるが、単独工事同様、不必要なJV現場にも振り分けられてくる場合があるので注意が必要である。

（4）事務職社員の人件費

　事務職も技術職同様、JVという独立した事業所に勤務する社員であり、そこの協定給与に応じて"人件費"で負担処理をするのが原則である。しかし一部では、半常駐もしくは事務長が兼務する場合や、支店集中原価管理等の理由から、必要人件費を含めた事務処理費用の応分負担として、一定料率にて処理するケースが増えている。この場合、料率や金額に注意が必要である。

解説 30 ｜ 設計・積算料、事務経費等の留意点

　前述の実態調査にあるように、多くの企業がスポンサーメリットとなった項目として、『協定原価の決定権によるもの』を挙げている。協定原価（＝共通原価）に含める項目のうち、下記に掲げる項目は取扱処理のミスや見解の相違等が起こる余地が多いので注意が必要である。

項　目	留　意　事　項
1. 積　算　料	① 通常、見積りはスポンサーのみが行い、その費用はJVの共通原価である。 ② スポンサーの見積金額に疑問を感じ、サブが行う再見積費用は全てサブ負担となる。 ③ 積算料は外注費と社内経費（見積部の人件費等）に大別される。その金額等に疑問があれば、外注費は請求書や振込伝票で確認し、社内経費は人工から推測する。 ④ 積算料は、特殊な用途や小規模でない限り、請負金額の0.2〜0.3％が目安となる。
2. 設　計　料 （設計施工 の場合）	① 設計料は外注費と社内経費に大別されるが、いずれもJVの共通原価である。 ② 設計料（確認申請料、工事監理費を含む）は、特殊な用途や小規模でない限り、請負金額の2.5〜3.0％が目安となる。 ③ 工事監理料が別項目で計上されている場合は、設計料は0.3％程度差引く必要がある。 ④ 上記目安を大きく上回る場合は、当該工事以外の設計料等が含まれていないか、仮設計画や土留め等で特殊要因の分析・検討がされたか否かなどの吟味が必要である。
3. 交　際　費	① 工事中に当該現場で発生し、所長等の許可を得た交際費、もしくは受注契約前後に発生した交際費はJVの共通原価である。 ② 会社の交際費として必要で、本来、管理部門で負担すべき交際費を各現場に割り振ってくることが往々にして生じるが、これは当該JVの共通原価としては認められない。
4. 寮費・借上 社宅費等	① JV現場社員の寮費や借上社宅費は、各母店の負担でありJVの共通原価ではない。本・支店の事務サイドは、単独現場かJVか分からずに処理ミスすることが多い。 ② 現場近辺に長期間、社宅を借りる場合で、複数の構成社員が入居するケースは、JVの共通原価として負担すべきであろう。 ③ 管外赴任者の転勤旅費や赴任手当、帰省旅費等も本・支店事務サイドの処理ミスが多い。
5. そ　の　他	① 品質管理費、安全管理費、施工管理費、技術管理費等の諸管理費は、本来、スポンサーの責任で工事を推進するのに必要な経費であり、共通原価には含めるべきではない。 ② 諸雑費・営業経費・近隣対策費・寄付金・謝礼等は、工事の技術的項目でないため内容や範囲が不明朗なことが多い。当該工事以外の費用が含まれているケースもあるので金額が大きい場合は吟味が必要である。 ③ リースやレンタル契約した現場事務所の備品は、期間満了後や残額を支払えば所有権が契約者に移ることがある。現場の共有財産であり、各構成員に出資比率に応じて還元すべきである。

SCENE 13　営業職の後方支援

解説 31　JV工事での営業職の役割

1. 施主とのコンタクトが仕事

　営業職の中には、工事を受注してしまえば、追加工事の見積書を現場所長と共に施主に持参すること以外、役目は果たしたと勘違いする者も多い。スポンサー・サブに限らず、営業職の役割は、工事期間中は絶えず現場に出向き、その状況を現場所長と違う立場で施主に報告することである。

2. 施主との親密度をアピール

　営業職個人や会社は、JV工事の構成員となること自体が施主との人脈があることの証明であるが、当該工事を有効に利用して、今後の営業活動に活かすことも重要な任務である。

　特に、立場の弱いサブの営業職は、施主との繋がりを現場事務所内で多少誇張してアピールすることも重要な役目である。他の構成員にその声が届けば、様々な副次的効果が生まれるからである。

例	① 今日も施主の○○専務に挨拶してきたよ。 ② 先週、施主の◎◎社長、工事担当の△△部長、わが社の××常務とのゴルフに同行してきたよ。
効果	① JV現場社員は、"施主と強い人脈を持った会社の社員"ということで発言力が増す。 ② とかく疎外感を持つJV現場社員の精神的フォローに役立つ。 ③ スポンサーは、施主との強い繋がりを背景に、追加・変更工事等で自社に有利な取り決めをしようと画策することが多い。しかし、サブにも施主側との強い人脈や頻繁な接触があると思えば、迂闊なことは困難となる。

3. 身近な工事獲得のチャンス

　大型JV工事は工期も長く、仮設事務所を訪問して施主等と親密な関係が築ければ、その方々からの情報で思い掛けず工事を受注するチャンスが生まれることもある。特に、サブである中小会社の方が、紹介してもらう工事の規模とマッチして、スポンサーである大手よりも有利になることが多い。

※本書の例（SCENE 13）でも、KB建設の神田営業部長は、自分の方から再開発組合の理事長をゴルフに誘ったのに、作業事務所では金沢所長に「理事長にゴルフに誘われた」と逆のことを言って、親密さをアピールしている。
　その効果もあって、大竹建設の山中と戸塚は「KB建設も油断ならない」と思い始めた。

SCENE 14 JV社員の成長

工事は順調に進みタワークレーンを必要とする作業は終了した

同時に本設の荷物用大型エレベータも完成しかなり大きな荷物運搬が可能となった

西園寺君 いよいよ事務所棟のフロア型タワークレーンを解体するよ

解体は面白いって聞きました 楽しみです！

この現場ではJCC－400を中型のE－60で解体しそのE－60を小型のE－16という機種で2段階で解体する

手間も費用も結構かかるんだよ

親亀子亀方式ともいい まず屋上の大きなクレーンで中型クレーンを組立て…（※）

あはは やっぱり親亀子亀ですね

※次ページの解説32を参照

解説 32 タワークレーンの解体

タワークレーンの解体は、右図の手順で行います。

❶ **中型クレーン(子)の組立**
屋上にあるタワークレーン(親)を使って自分より一回りか二回り小さい中型クレーン(子)を近くに組み立てる。

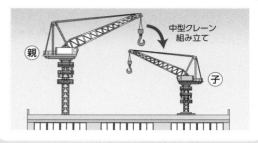

❷ **タワークレーン(親)の解体**
中型クレーン(子)を使ってタワークレーン(親)を解体し、部材を地上に降ろす。

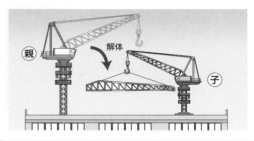

❸ **小型クレーン(孫)の組立**
中型クレーン(子)よりもさらに一回りか二回り小さい小型クレーン(孫)を組み立てる。

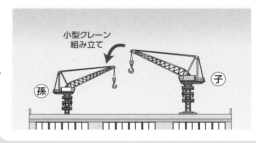

❹ **中型クレーン(子)の解体**
小型クレーン(孫)を使って中型クレーン(子)を解体し、部材を地上に降ろす。

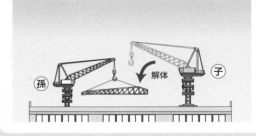

❺ **小型クレーン(孫)の解体**
小型クレーン(孫)を人が運べるサイズに分解し、本設エレベーターを使って搬出する。

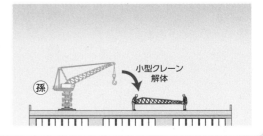

ゆめが丘駅前再開発ビルは
無事竣工し
再開発組合に引き渡された

今日は再開発ビルの広場で
竣工式が行われている

SCENE 15 エピローグ

1年後—
都内のレストラン

JVメンバー1周年懇親会

本日はJVメンバーの懇親会にお集まりいただきありがとうございます

ゆめが丘駅前再開発ビルが竣工して1年が経ちました

駅前はすっかり綺麗になり活気にあふれています

著者略歴

柴田 昌二

兵庫県神戸市生まれ　　一級建築士

建築・コストプランナーズ㈱代表取締役社長

　建築積算ソフト（KCPGS）を開発、マンション概算見積及び建築監理を主業務とする。
　京都大学工学部建築学科卒、住友建設（現三井住友建設）入社以来一貫して現場勤務。
　その後、同社東京支店建築部長兼設計積算部長、本店建築本部理事、全国建築 JV 管理
　委員会委員長を歴任。

作画

フジヤマヒロノブ

　企業、団体向けの短編、長編マンガ、イラストなど多数執筆。
　「阿吽の太刀」電子版（Kindle ストア）や建設物価調査会のまんがシリーズで、作画を担当。
　近著として、「思い出食堂」シリーズ（少年画報社）に掲載。

■著者詳細については
　http://laranjay.web.fc2.com/　まで。

・この物語はフィクションであり、実在の人物や地名、団体などとは一切関係ありません。
・本書に登場する、建設物価調査会発行の書籍「月刊 建設物価」、「季刊 建築コスト情報」、「建設工事標準
　歩掛」の詳細につきましては各書籍あるいは下記ホームページをご覧ください。

■図書販売サイト「建設物価 Book Store」
　http://book.kensetu-navi.com/

建設物価調査会のまんがシリーズ!!

よくわかる 工事現場の安全

職場の安全意識向上に！

現場に潜む危険とその対策を「まんが」でわかりやすく解説。
おなじみ「西園寺ルミ」と学ぶ、工事現場の安全心得。
新人・若手教育用に、現場の休憩室に、工事現場で働くすべての方におススメします！

平成28年11月発行
定価1,600円＋税

土木積算入門 -実行予算編-

土木積算・実行予算作成の入門書

新人社員の西園寺ルミと実行予算の考え方や手順等を一から学びましょう。
若手社員・これから建設業界を目指す学生におすすめです。

平成25年6月発行
定価2,100円＋税

めざせ！現場監督

新人・若手社員が現場監督になるまでの物語

建設会社の新人・若手社員が現場監督になるまでの成長物語を通して現場監督に必要な知識や考え方を分かりやすく描いています。
「まんが」で表現しきれない部分は「解説ページ」で補足説明しています。

平成27年5月発行
定価2,000円＋税

一般財団法人 建設物価調査会

電話でのお問い合わせ 0120-978-599　パソコンからのお申込み　建設物価Book 検索

■本書の追加・修正事項のお知らせ
　当会ホームページ「建設Navi」(http://www.kensetu-navi.com/#2)
の"刊行物修正情報"をご参照下さい。

◇当会発行書籍の申込み先
図書販売サイト「建設物価Book Store(http://book.kensetu-navi.com/)」
または，お近くの書店もしくは【電話】0120-978-599まで。

禁無断転載

まんが がんばれ! JV現場監督

平成29年9月23日　初版

著　者	柴田 昌二
作　画	フジヤマヒロノブ
発　行	一般財団法人 建設物価調査会
	〒 103-0011
	東京都中央区日本橋大伝馬町11番8号
	フジスタービル日本橋
	電 話 03-3663-8763(代)
印　刷	奥村印刷 株式会社

乱丁・落丁はお取り替えいたします。　　©C.R.I 2017 Printed in Japan ISBN 978-4-7676-0102-1